职业教育 *烹饪专业* 教材

花色冷拼造型工艺

主　编　胡剑秋　赵福振
副主编　朱枝国　杜佳俊

重庆大学出版社

内容提要

花色冷拼造型工艺是职业院校和技能培训学校烹饪专业的重要课程。本书由具有多年专项培训和教学经验的烹饪教师编写而成。本书适合于中等、高等职业院校的烹饪专业使用，亦可作为厨房技能、餐旅服务等方面的培训教材使用。

美食是一门学问，对人类的健康有着重要的意义。今天，人们除了关心科学合理的膳食之外，还关注菜肴的形式美。本书将在菜肴装饰美化的技能及花色冷拼制作的技能方面给您有益的启示。

本书共分为5个项目和2个附录，依次为冷拼原料的选择，叶类造型，花卉类造型，蘑菇、鱼虫类造型，鸟类造型，以及附录（冷拼用雕刻部件、创意作品欣赏）。本书内容简练，重点突出，以图片展示技能过程，具有较强的实用性和可操作性，可满足烹饪专业各层次职业教育和培训的需要。

图书在版编目（CIP）数据

花色冷拼造型工艺 / 胡剑秋，赵福振主编. -- 重庆：
重庆大学出版社，2019.7（2024.1重印）
职业教育烹饪专业教材
ISBN 978-7-5689-1593-9

Ⅰ.①花… Ⅱ.①胡…②赵… Ⅲ.①凉菜—制作—
中等专业学校—教材 Ⅳ.①TS972.114

中国版本图书馆 CIP 数据核字（2019）第 103713 号

花色冷拼造型工艺

主　编　胡剑秋　赵福振
副主编　朱枝国　杜佳俊
策划编辑：沈　静

责任编辑：谭　敏　　版式设计：沈　静
责任校对：张红梅　　责任印制：张　策

*

重庆大学出版社出版发行
出版人：陈晓阳
社址：重庆市沙坪坝区大学城西路21号
邮编：401331
电话：（023）88617190　88617185（中小学）
传真：（023）88617186　88617166
网址：http://www.cqup.com.cn
邮箱：fxk@cqup.com.cn（营销中心）
全国新华书店经销
重庆长虹印务有限公司印刷

*

开本：787mm×1092mm　1/16　印张：6　字数：133千
2019年7月第1版　2024年1月第4次印刷
印数：7 001—9 000
ISBN 978-7-5689-1593-9　定价：35.00元

前　言

职业教育是我国教育体系的重要组成部分，是实现经济社会又好又快发展的基础。为了适应全面建成小康社会对高素质劳动者和技能型人才的迫切需要，党和国家把发展职业教育作为经济社会发展的重要基础和教育工作的战略重点。随着社会经济的不断发展，国家对职业教育的发展提出了更新更高的要求。

烹饪不仅是一门技术，而且是一门艺术。因此，成功的厨师不仅是工匠而且是烹饪艺术家。如果厨师缺乏艺术眼光，没有基础的艺术修养，其菜品就很难有美感，会逊色不少。当然，实际生活中的厨师并非都具备艺术家的素质。正如搞文学的不一定都是文学家，会书法的并非都是书法家。烹饪艺术家毕竟是少数，大多数都是技师型的烹饪工作者。

《花色冷拼造型工艺》是为了更好地适应全国职业院校烹饪专业的教学要求，满足与之相关的技能比赛需要，培养烹饪从业人员的艺术素质，而编写的一本培训教材。本书总体设计思路是：以实用为导向，以服务餐饮行业为宗旨，以中餐相对应的岗位职业能力为依据，参照中式烹调师职业资格相关知识技能的要求，紧跟全国职业院校技能大赛规程，在典型实例中融入中餐烹饪岗位所需要的基础知识和基本技能。倡导在做中学、学中做，提高学习者自主学习的能力，启发学习者的思路，使其举一反三，具有创新能力，以适应本行业动态发展的需要。

本书以冷拼实际工作任务为引领，以冷菜岗位应具备的职业能力和职业素养为依据，以冷拼技术难度为线索，按照工艺类型由简单到复杂，共设 5 个项目和 2 个附录，依次为冷拼原料的选择，叶类造型，花卉类造型，蘑菇、鱼虫类造型，鸟类造型，以及附录（冷拼用雕刻部件、创意作品欣赏）。

本书的特点如下：

第一，以市场为导向，以适用为基础，牢牢把握职业教育具有的基础性、可操作性和实用性等特点。根据职业教育以技能为基础而非以知识为基础的特点，全部以实践操作来展示冷拼的制作过程。

第二，充分体现先进性。尽量反映新原料、新工艺、新技术、新理念等内容，适当介绍本技能最新成果和先进经验，如仿真式造型，以体现时代特色和前瞻性。仿真式造型如同自然界中的真实形体，惟妙惟肖，栩栩如生。

第三，确保权威性。本书的作者均是既有丰富的教学培训经验又有丰富的餐饮工作实践经验的业内专家，对当前烹饪职教情况、烹饪教学改革和发展情况以及教学中的重点难点非常熟悉，对本课程的教学和发展具有较新的理念和独到的见解，能将教材中的"学"与"用"很好地统一起来。

第四，体例编排与版式设计体现实用性。制作过程以图片的形式呈现，直观形象，图文并茂。

本书由杭州胡剑秋工作室的胡剑秋、海南经贸职业技术学院的赵福振担任主编，浙江农业商贸职业学院中式烹调高级技师朱枝国、杜佳俊担任副主编。

本书在编写出版过程中，得到了众多同仁的鼎力支持，在此表示诚挚的谢意。书中尚有很多不足之处，恳请广大读者提出宝贵建议，便于今后再版时能使之进一步完善。

编　者
2019 年 5 月

Contents

目　录

项目 5 鸟类造型

附　录

项目 **1**

冷拼原料的选择

任务 1　常见蔬菜原料的选择

1）白萝卜

特征：长圆形、球形或圆锥形,根皮绿色、白色、粉红色或紫色。常见的白萝卜有普通白萝卜和象牙白萝卜两种。普通白萝卜呈圆形,洁白;象牙白萝卜呈长圆形,含水量高,体大肉厚。

用途：白萝卜质地脆嫩,可以雕刻冷拼底坯、盖面、假山等。

2）胡萝卜

特征：圆柱形,根茎类蔬菜,肉质细密、坚实,呈红色。

用途：在冷拼中可以雕刻花卉的蕊,以及各种飞禽的喙、爪、尾巴、细毛等,也可做盖面原料。

3）青萝卜

特征：细长圆筒形，皮翠绿色，尾端玉白色，口感脆嫩、多汁，甘甜微辣。

用途：在冷拼中，青萝卜皮可用来雕刻绿色叶子、树藤、花草、动物羽毛等，也可用作假山、盖面等的原料。

4）心里美萝卜

特征：球形，外皮浅绿色，内里紫红色、玫瑰色、粉红色。

用途：由于心里美萝卜色泽鲜艳，在冷拼中可以雕刻一些花卉，还可以雕刻一些鸟类的点缀物，如头冠、羽毛等，也可用作假山、盖面的原料。

5）老南瓜

特征：长筒形、圆球形、扁球形，色泽金黄，质地细腻柔和。

用途：在冷拼中可以雕刻鸟类点缀物、花蕊等，也可用作假山、盖面的原料。

6）青南瓜

特征：圆球形，青绿色，含水量比老南瓜多，口感脆嫩。

用途：在冷拼中可以用作青色题材的盖面原料以及雕刻假山的原料。

7）金瓜

特征：长卵形或长圆形,金黄色,肉质厚实。

用途：在冷拼中可以用作金黄色题材的盖面,也可以蒸熟后捣成泥质使用。

8）茭白

特征：长圆形,肉质肥厚,乳白色。

用途：在冷拼制作中可以用作动物的白色羽毛盖面,如天鹅羽毛。

9）小青瓜

特征：长筒形，长度 14 ～ 18 cm，直径约 3 cm，重约 100 g，表皮柔嫩，翠绿或深绿色，口感脆嫩，瓜味浓郁。

用途：在冷拼中可以用作绿色题材的盖面原料，如荷叶、绿色羽毛等，可以用作雕刻柳叶、小草等点缀物。

任务 2　冷拼原料按色彩分类

1）红色类原料

红辣椒、红番茄、红葱头、心里美萝卜、红豆、枸杞、甜菜根、卤制酱红色的肉、红糟汁、玫瑰酱、红曲米等。

2）黄色类原料

老南瓜、黄甜椒、胡萝卜、金瓜、番薯、笋、菊花、黄米、橙子、蛋黄糕等。

3）绿色类原料

丝瓜、小青瓜、苦瓜、青椒、青豆、青萝卜、青南瓜、猕猴桃、绿茶、青梅、菠菜、西蓝花、香菜等。

4）白色类原料

白萝卜、白菜、茭白、豆腐、蟹腿菇、鸡腿菇、白玉菇、冬瓜、百合、莲藕、白芝麻、蛋白糕等。

5）黑色类原料

黑米、黑豆、黑木耳、黑香菇、黑枣、皮蛋、墨鱼汁等。

在冷拼中，也可以加入各种天然有色食材制作琼脂冻或者鱼蓉卷等。

叶类造型

任务1 芭蕉叶

1）原料

白萝卜、老南瓜、小青瓜。

2）工具

主刀、V形戳刀。

3）制作过程

①取一块白萝卜,如图先在切面上勾画出叶子底坯的形状。

②主刀弧形垂直运刀,去掉两边余料。

③主刀弧形平直运刀,去掉上边余料。

④Ⅴ形戳刀配合主刀刻出叶片中间的深槽。

⑤去掉叶片两侧的边角余料。

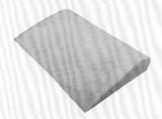

⑥取老南瓜泡盐水后用主刀平片,修成长水滴片,采用拉刀法切成薄片,注意修成片的长度要大于底坯。

⑦用手将薄片均匀地推出刀面,尖头向内,圆头向外,平铺在底坯的一侧。

⑧分两次平铺,将底坯一侧的盖面做好,注意接口要顺畅。

⑨用同样的方法做好另一侧的盖面,注意片的尖头部位要叠加在一起。

⑩用小青瓜皮切一根长丝,做芭蕉叶的茎,放在中间,遮盖住连接处。

⑪摆上蝴蝶及雕刻的茎、叶做点缀即成。

①底坯可以适当小一点,叶片盖面要长一点,以便折叠出弧度,更显自然。

②老南瓜泡盐水一定要控制好时间,不然很容易烂掉,没有质感。

任务2　树叶

1）原料

白萝卜、心里美萝卜、小青瓜。

2）工具

主刀、V形戳刀。

3）工作过程

①取一块白萝卜,如图所示,先在切面上勾画出叶子底坯的形状。

②垂直弧形运主刀,去掉周边的余料。

③用主刀斜片出中间的三条叶片深槽,刻出树叶的底坯。

④将心里美萝卜修成长水滴状,采用拉刀法,改刀成薄片。

⑤将心里美萝卜片尖头朝内,圆头朝外,平铺在底坯最右侧,形成一侧盖面,注意要一次成形。

⑥用相同的方法沿同一方向形成对应的一侧盖面,直到完成整个盖面。

⑦盖面做好后,用小青瓜丝遮住连接处;再用小青瓜雕刻出树叶的叶柄。

⑧最后搭配上雕刻的小树叶、蟋蟀,使画面更加生动有趣。

 技巧

①将叶片修成长水滴状,盖面会出现树叶的齿轮状。

②将心里美萝卜用盐水泡透,这样盖面会比较伏贴,防止叶片翘起来。

任务 3　荷叶

1）原料

澄面、金瓜、白萝卜、琼脂、心里美萝卜、小青瓜。

2）工具

主刀、V 形戳刀。

3）工作过程

①用澄面团捏出荷叶底坯。

②将不同颜色的原料，即金瓜、白萝卜、琼脂、心里美萝卜、小青瓜修成长水滴状，用拉刀法切成薄片。

③捏住长水滴状薄片的尖头,推出刀面,尖头朝内,圆头朝外,平铺在底坯上。

④用同样的手法将其他颜色的片铺盖在底坯上。

⑤将小青瓜皮刻成圆片形盖住荷叶中心点连接处。

⑥将金瓜刻成小圆球放在荷叶中心处。

⑦用小青瓜做两个不同的小荷叶。

⑧用墨汁酱在盘子上画出荷叶杆子。

⑨放入雕刻的假山、石头、小草、蝴蝶、蝈蝈作点缀,整体完成。

荷叶的摆放与别的叶子的摆放都有一个共同点,那就是盖面的叶子要比底坯长,然后用手推出周边的曲线与弧度,才能使整个作品显得生动、自然。

花卉类造型

任务1 月季花

1）原料

白萝卜、心里美萝卜、小青瓜、金瓜、青萝卜。

2）工具

主刀、V形戳刀。

3）工作过程

①取一段白萝卜。

②用主刀旋去底坯底部的废料。

③去掉废料后,底坯呈圆锥状。

④用主刀旋去底坯上部的废料,成品底坯呈类圆锥状。

⑤用心里美萝卜、小青瓜等雕刻出花心。

⑥将金瓜修改成长水滴状的片,拉刀成薄片,做月季花的花瓣。

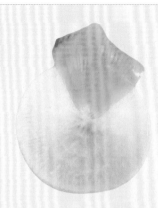

⑦用手握住片的尖头部位,将片的圆头部位推开成圆形,圆头朝外,尖头朝内,铺在底坯侧面,形成第一个花瓣。

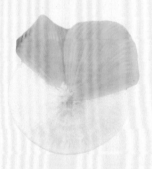

⑧用同样的方法做好第二个花瓣,花瓣要有部分交叉。

⑨用同样的方法做好第一层花瓣,花瓣要有部分交叉。

⑩用一层盖住一层,直到完成所有的花瓣,注意花瓣的层次感。

⑪放入花心,整理花瓣,使其有卷曲的美感。

⑫用青萝卜皮雕刻出小装饰物。

⑬开始组装。

⑭给月季花配搭上青萝卜皮雕刻的小枝条等,并将小枝条等摆放在盘中。

⑮整体完成。

 技巧

　　做月季花类冷拼,重点要体现出花的层次感,控制好花瓣从最内层到最外层的大小,完成整朵花的拼摆后,再整理出花瓣的层次。

任务2　牡丹花

1)原料

　　心里美萝卜、澄面、小青瓜。

2)工具

　　主刀、V形戳刀。

3）工作过程

①将心里美萝卜修成长水滴状的片,拉成薄片;将澄面团揉成斜圆锥体。

②捏住拉好的薄片的尖头,推出刀面,做出花瓣状,贴在圆锥体的尖头部。

③用同样的方法做出第二个花瓣。

④用同样的方法做出第三个花瓣。

⑤用同样的方法,做好花苞。

⑥用同样的方法,做出第二层花瓣。

⑦用同样的方法,将花瓣的第三层做好。

⑧用同样的方法制作出最后一层花瓣,注意花瓣的层次感。

⑨将花放在盘子上,用酱汁画盘,配搭用小青瓜做的梳子花刀叶子。

 技巧

做牡丹花类冷拼,重点是要体现出花的层次感,控制好花瓣从最内层到最外层的大小,拼摆完成整朵花后,要整理出花瓣的层次。

任务 3　荷花

1）原料

澄面、小青瓜、青萝卜、心里美萝卜。

2）工具

主刀、V 形戳刀。

3) 工作过程

①用澄面团捏出荷叶的底坯,类圆锥体,再用水滴状的小青瓜薄片盖面。

②做成一个盖面。

③做好盖面之后,将荷叶的边推出弧度,显得生动自然。

④将心里美萝卜修成两头尖的长片,采用拉刀法切成薄片,然后如图所示将其推开成棱形。

⑤如图所示将尖头叠在一起。

⑥推开刀面,将其放在手心,用大拇指将其按成荷花花瓣的形状。

⑦将荷花花瓣摆放在圆锥底坯上,每一层 6 瓣花瓣,从最外层开始摆,内一层花瓣摆在外一层两片花瓣的中间。

⑧将花瓣摆好三层后,在中间摆放上花心。

⑨用青萝卜皮雕刻出水草。

⑩放入雕刻的荷叶、水草、假山作点缀,用墨汁酱画出荷叶杆子,荷花小盘制作完成。

 技巧

水草摆放一定要体现出弧度美,荷叶周边也要体现出弯曲与弧度,荷花花瓣也要有弧度,这样画面才显得自然。

蘑菇、鱼虫类造型

任务 I 蘑菇

1）原料

茭白、澄面、胡萝卜、小青瓜。

2）工具

主刀、V 形戳刀。

3）工作过程

①将茭白去掉两侧废料做成蘑菇菌柄。

②将澄面团揉成菌盖，与菌柄组合在一起做成蘑菇底坯。

③将茭白修成两头尖的长片,拉成薄片,将盖面盖在蘑菇底坯菌盖上即可。

④用同样的方法做出第二个蘑菇。

⑤将蘑菇放在盘子上摆盘,配酱汁、胡萝卜、小青瓜、小草等,注意色彩搭配。

要注意蘑菇菌盖的圆弧形,修片时注意长短。

任务 2　蝴蝶

1）原料

澄面、心里美萝卜、金瓜、小青瓜、茭白。

2）工具

主刀、V 形戳刀。

3）工作过程

①用澄面团做出蝴蝶底坯,三个翅膀,一个身体。

②将翅膀和身体组合到一起。

⑪将做好的蝴蝶翅膀如图所示拼摆一起,加上蝴蝶的身体、触须、尾巴等,完成蝴蝶的整体拼装。

蝴蝶的拼摆要灵巧,并且体现出蝴蝶颜色的绚丽多彩。蝴蝶翅膀要一高一低,才会有飞翔的感觉。

任务3 金鱼

1)原料

澄面、胡萝卜、老南瓜、鱼茸卷、心里美萝卜、小青瓜、青萝卜。

2)工具

主刀、V形戳刀。

3）工作过程

①用澄面团捏出金鱼身体的底坯,金鱼头和鳍用胡萝卜雕刻,注意身体各部位的比例是否合适,将所有部位黏在一起。

②将老南瓜片修成长水滴状,采用拉刀法改刀成薄片。

③将修好的老南瓜片盖面,盖在金鱼底坯尾巴上,注意尾巴的飘逸感。

④可以选用小水滴状的鱼茸卷做鳞片,将其切成水滴状的薄片。

⑤将鱼茸卷做的鳞片从金鱼的尾部往头部贴,注意每一层盖面要遮住前一层盖面,金鱼整体拼装完成。

⑥用心里美萝卜、小青瓜、青萝卜雕刻荷叶及小草等,用雕刻的荷叶及小草等作点缀,整体作品完成。

技巧

　　动物性主题的拼摆要注意动物身体各部位的比例协调,金鱼的尾巴比较长,身体比较圆润,抓住这些特点,就会使作品灵活。

鸟类造型

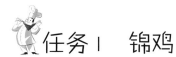

任务1　锦鸡

1）原料

澄面、青南瓜、老南瓜、白萝卜、胡萝卜、茭白、琼脂冻、茄子、心里美萝卜。

2）工具

主刀、V形戳刀。

3）工作过程

①准备好青南瓜、老南瓜、白萝卜、胡萝卜、茭白、琼脂冻、茄子、心里美萝卜等原料,注意原料的色彩搭配。

②用澄面团捏出锦鸡的底坯,注意锦鸡的形态和身体各部位的协调。

③用老南瓜雕刻出锦鸡的头部,用胡萝卜雕刻出锦鸡的爪子,用琼脂冻雕刻出锦鸡的尾毛,要求雕刻出的各部位与锦鸡底坯相协调。

④将雕刻出的锦鸡头、爪、尾安装在底坯上,注意整体形态。

⑤取青南瓜修成两头尖的薄片,再用拉刀法将其均匀地拉成薄片,用盐腌透。

⑥将茄子、心里美萝卜、茭白修成同样两头尖的薄片,再将其拉片腌透,用作锦鸡身体盖面。

⑦将青南瓜片均匀地覆盖在底坯尾部,注意遮盖尾部连接处。身体盖面时,可以先取下头和爪。

⑧将茭白片均匀地覆盖在底坯背部,注意从尾部开始到头部,一层覆盖一层。

⑨取心里美萝卜片覆盖在底坯腹部,从尾开始,一层覆盖一层。

⑩进行身体盖面时,注意每一层覆盖面的连接处,要用后一层盖住前一层。

⑪将琼脂冻修成长水滴状,拉成薄片,覆盖在底坯翅膀位置。

⑫ 将青南瓜修成长水滴状，拉成薄片，覆盖在底坯翅膀位置。翅膀的盖面要注意与身体的色彩搭配。

⑬ 将琼脂冻修成水滴状，切成薄片，覆盖在脖子上，粘上眼睛。

⑭ 装上锦鸡的头和尾，制作完成。

⑮取青南瓜块、心里美萝卜块、白萝卜块切片,留出刀面做假山使用。

⑯放上雕刻的小草与蝴蝶。

 技巧

①盖面拉片越薄越均匀越好,选用小刀会有助于刀工。

②摆放时,片与片之间需要紧凑、精致一点。

③整只锦鸡的盖面一定要注意色彩的搭配。

④锦鸡的爪子与头部的雕刻和摆放要灵动,才会使整个作品传神。

任务2 鸳鸯

1）原料

澄面、心里美萝卜、茭白、金瓜、青萝卜、胡萝卜。

2）工具

主刀、V形戳刀。

3）工作过程

①用澄面团揉出鸳鸯的底坯,控制好鸳鸯身体的比例。

②装上用心里美萝卜雕刻好的嘴巴。

③先将长水滴形茭白片平铺好做成尾巴,再将两头尖的金瓜片平铺在尾巴上。

④然后将两头尖的金瓜片平铺在背部和腹部。

⑤将青南瓜的皮和茭白切成长水滴状的片,再间色做出翅膀。

⑥用两头尖的琼脂冻长条片和胡萝卜片铺出脖颈处的羽毛。

⑦将青南瓜切成两头尖的长条片,盖面做出冠,整个作品完成。

在整体拼装鸳鸯这类观赏性鸟儿时,要突出色彩。鸳鸯也是爱情的象征,它们出入是成双成对的,一对鸳鸯在作品中同时呈现时,要体现出它们的互动。

任务 3　天鹅

1）原料

澄面、胡萝卜、白琼脂冻、白萝卜、青萝卜。

2）工具

主刀、V 形戳刀。

3）工作过程

①用澄面团捏出天鹅的身体，用胡萝卜雕刻出天鹅的嘴和额头。

②将白琼脂冻修成两头尖的片，拉刀成薄片，用作天鹅羽毛。

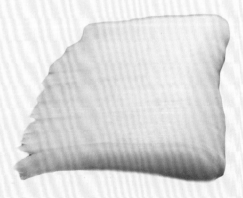

③将白琼脂冻修成长水滴状的片，用作天鹅翅膀等。

④将长水滴片推开刀面,盖住底坯尾部,做出天鹅尾巴羽毛,再用两头尖的薄片平铺出背部第一层羽毛。

⑤用两头尖的薄片铺出尾部羽毛,突出一撮撮羽毛的动感。

⑥将长水滴片推开形成刀面,做出天鹅的一只翅膀的羽毛。

⑦用长水滴状的片做出另一只翅膀的羽毛,控制好翅膀的大小。

⑧做好翅膀后,用两头尖的白琼脂冻片铺出天鹅的胸和脖子上的羽毛。

⑨用白琼脂冻、白萝卜和青萝卜雕刻出紫藤兰花和假山等,将天鹅与紫藤兰花、假山搭配,完成整个作品。

 技巧

制作动物性题材的冷拼,首先要控制好动物各部位的比例大小,其次要掌握好动物的神态特点,如:天鹅的特点是脖子长、腿短,游泳时脖子经常伸直,两翅伏贴,走路时左右摇晃。

任务 4　喜鹊

1）原料

澄面、胡萝卜、青萝卜、心里美萝卜、金瓜、白萝卜、白琼脂冻。

2）工具

主刀、V 形戳刀。

3）工作过程

　①用澄面团做出喜鹊底坯、树叶底坯；用胡萝卜雕刻出鸟爪和鸟嘴；用青萝卜雕刻出喜鹊的尾巴。

②根据需要,将心里美萝卜、金瓜、青萝卜、白萝卜修成两头尖或长水滴形的长片,拉刀成薄片。

③用青萝卜长水滴片盖面,做好树叶。

④用白琼脂冻做好紫藤兰花。

⑤用金瓜片铺出喜鹊背部和腹部的羽毛。

⑥翅膀选用长水滴状的青萝卜和心里美萝卜薄片盖面,注意色彩的搭配与刀面的整齐。

⑦做好翅膀后,喜鹊的全身用两头尖金瓜片盖面。

⑧用两头尖的金瓜片盖面,直至盖住喜鹊的全部身体,最后成形。

⑨将喜鹊搭配紫藤兰花与树叶,摆放时应注意两只喜鹊之间的眼神交流。

⑩用果酱画出树枝,使喜鹊站在树枝上。

搭配假山,整体作品完成。

技巧

　　盖面的片越薄越容易伏贴。当有多只动物在同一个作品中出现时,要表现出动物之间的互动,动物之间眼神的交流会使作品更加传神。另外,还要布局好整个盘子的空间。

任务 5　公鸡

1）原料

心里美萝卜、金瓜、胡萝卜、琼脂冻、澄面、白萝卜、青萝卜、小青瓜、茭白、老南瓜、青南瓜。

2）工具

主刀、V 形戳刀。

3）工作过程

①心里美萝卜雕刻出公鸡的鸡头,金瓜雕刻出嘴巴并拼装在一起。

②用胡萝卜雕刻出鸡爪。

③用琼脂冻雕刻出公鸡的尾毛,注意尾巴的大小与弧度的流畅。

④用澄面团捏出公鸡的底坯,注意公鸡身体的大小协调。

⑤在底坯上安装好头、爪、尾,摆放时要注意体现公鸡的灵动性。

⑥用白萝卜雕刻出公鸡的翅膀,安装在底坯上,翅膀需要轻巧一点,注意两只翅膀的大小协调。

⑦将青萝卜修成两头尖的片,用小刀拉切成薄片,用盐腌透。

⑧将小青瓜片、茭白片与青萝卜做同样的处理,用作公鸡身体的盖面。

⑨用青萝卜皮雕刻出公鸡的细尾毛,将其装在公鸡的身体与尾毛的连接处。

⑩用青萝卜片覆盖在公鸡的尾巴上,注意遮盖住尾巴与身体的连接处。

⑪将茭白片覆盖在底坯身体腹部与背部。

⑫在做盖面时,需要后一层盖住前一层,按从尾到头的顺序进行。

⑬公鸡的底坯脖子处宜选用不同于身体颜色的老南瓜薄片进行盖面。

⑭将琼脂冻、小青瓜皮,修成长水滴状,拉薄片,盖在翅膀上。

⑮用圆薄片，覆盖在翅膀上，作细羽毛使用。

⑯公鸡的整体拼摆完成。

⑰放上蟋蟀及青南瓜做的假山,整体作品完成。

 技巧

①要充分利用好原料的可塑性,如尾巴毛与脖子毛,要飘逸一点。

②想要盖面更加吻合,可以在底坯上抹上一层猪油,增加黏性。

③覆盖盖面时尤其要注意每一层的连接处,需要互相遮盖。

④制作动物作品时,动物眼神的方向很关键,此作品公鸡的眼神对准蟋蟀,赋予整个作品以灵性。

⑤抓住公鸡捕捉猎物跳起时的瞬间特点,给人以传神之感。

附录

附录 I 冷拼用雕刻部件

鸟 爪

1）原料

胡萝卜。

2）工具

主刀、V形戳刀。

3）工作过程

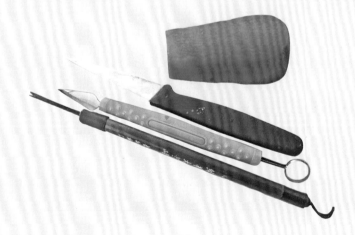

①准备胡萝卜一块，主刀、拉线刀、最小号V形戳刀各一把。

②将胡萝卜切成类长方体。

③用主刀从两侧将原料打薄。

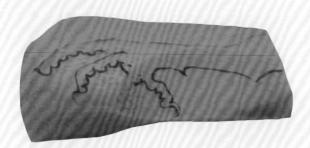

④可用水溶性笔在原料上画出鸟爪形状。

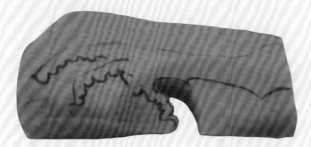

⑤用主刀刻出后趾的上部轮廓。

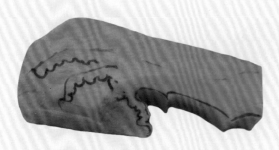

⑥用主刀刻出附跖部尖状突起轮廓。

⑦用主刀刻出后趾。

⑧用主刀刻出鸟爪背部轮廓。

⑨用主刀刻出后 2 趾轮廓。

⑩用主刀刻出 3、4 趾轮廓。

⑪用主刀刻出 2 趾上部轮廓。

⑫用主刀刻出后 2 趾。

⑬用主刀刻出 3、4 趾。

⑭用拉线刀刻出附跖部尖状鳞片的边际线。

⑮用拉线刀刻出附跖部及趾上鳞片。

⑯刻出附跖部鳞片,即完成鸟爪。

锦鸡头

1)原料

老南瓜。

2)工具

主刀、V形戳刀。

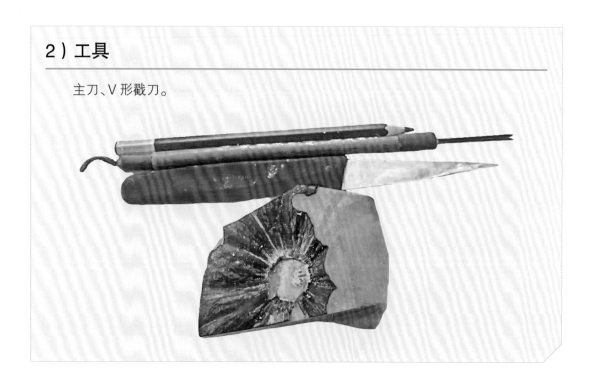

3）工作过程

①将一块南瓜去皮后用笔画出鸟头轮廓。

②用主刀刻出鸟嘴轮廓。

③将嘴部细化。

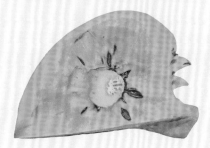

④将头顶部削光滑。

⑤用 V 形戳刀戳出顶部羽毛。

⑥用 V 形戳刀继续戳出顶部羽毛。

⑦用主刀削出嘴和冠部。

⑧将锦鸡嘴和冠雕刻完成。

附录 2　创意作品欣赏

福禄大吉

双鹅戏水

秋趣

福满长春

觅食

鹭鹭情

蝶恋花

觅食

前程似锦

锦鸡

蝴蝶

荷花

公鸡

白头翁

竹笋

月季

戏水

喜鹊

藤兰

南瓜

鸣

锦鸡